# LE
# DRAINAGE

RENDU

## FACILE ET ÉCONOMIQUE.

———

TRAITÉ SOMMAIRE ET PRATIQUE DE LA FABRICATION DES TUYAUX
DE DRAINAGE AU MOYEN D'UN INSTRUMENT SIMPLE
ET FACILE A MANŒUVRER,

## Par MM. VIREBENT frères,

Propriétaires et directeurs de la fabrique de grès céramiques de Toulouse pour la construction,
ornementation et statuaire des édifices religieux et civils.

———

PUBLIÉ SOUS LES AUSPICES DE M. LE PRÉFET DE LA HAUTE-GARONNE.

———◦◦⬦◦◦———

## PARIS,

**DUSACQ, LIBRAIRIE AGRICOLE DE LA MAISON RUSTIQUE,**

RUE JACOB, 26.

—

## 1855.

TOULOUSE , IMP. DE A. CHAUVIN, RUE MIREPOIX, 3.

# LE

# DRAINAGE

RENDU

## FACILE ET ÉCONOMIQUE.

---

Le succès des meilleures découvertes n'a<br>souvent tenu qu'à un mot dû au hasard ou à<br>l'application du moyen reconnu le plus simple.<br>FRANKLIN.

La publication de cette notice n'a point pour objet de démontrer les avantages du drainage, avantages aujourd'hui prouvés par les meilleurs traités et par l'expérience, mais bien de rendre cette opération facile, peu coûteuse et praticable dans toutes les localités.

Nous avons pensé que les procédés les plus simples, la machine la moins compliquée, la facilité d'employer tout ouvrier et toute argile à la fabrication des tuyaux de drainage, sont les moyens les plus infaillibles de doter notre pays d'une amélioration dont les effets sont immenses.

Mettre l'agronome à même de fabriquer les tuyaux de drainage et de les obtenir au meilleur marché possible, là nous a semblé être la question de vitalité du système plein d'avenir que l'on essaie d'encourager en France, mais que chacun craint de mettre en pratique par l'appréhension d'une forte dépense. Nous serions heureux, dans ces circonstances, si les encouragements qui nous ont été donnés par notre premier magistrat, dont la vigilante sollicitude pour les intérêts de l'agriculture a bien voulu nous déterminer à publier ces instructions, pouvaient nous faire espérer que nos essais et les résultats que nous avons obtenus détermineront enfin un progrès dont la réalisation paraît encore une chimère.

## EXPOSÉ.

De tous les perfectionnements modernes les plus utiles, le drainage est un de ceux qui est appelé à rendre le plus grand service au pays et à l'agriculture. Le changement possible, avec ce système, des cultures; l'augmentation notable du rendement du sol, sont les premiers avantages dont les effets profitent au bien-être des populations. Ces résultats, que chacun a pu apprécier comme nous-mêmes, en Angleterre et en Belgique, sont aujourd'hui consignés dans les ouvrages spéciaux les plus recommandables (1).

(1) *Rapports à M. le ministre de l'agriculture et du commerce*, par MM. Payen et Lafont, sur les travaux du drainage de l'Angleterre et de la Belgique ; *Traités* de MM. J. Parkes et H. Stephens ; *Bulletin de la Société centrale d'agriculture; Annales de l'agriculture française ; Traité pratique* de Polonceau ; *Bulletin de la Société d'encouragement ; Notice* de M. de Saint-Vincent, ingénieur en chef des ponts-et-chaussées ; Articles de M. J. Naville ; Note de M. Leclerc, et particulièrement l'*Instruction sur le drainage*, par M. de Hennerel, publiée par M. Migneret, préfet de la Sarthe, en 1851, éditée de nouveau, en 1854, par M. Pron, préfet du même département ; *Manuel du Drainage*, par M. Barral.

Tout, en effet, a été dit en France sur le drainage ; rien, ou presque rien, n'a encore été fait ; et si peu d'agronomes intelligents ne contestent plus les avantages du système, il en est beaucoup qui mettent en question sa possibilité. A l'appui de leurs doutes, ils disent que l'Angleterre, où domine la grande propriété, peut ne reculer devant aucun sacrifice ; que la vapeur est employée pour ouvrir la terre à une profondeur telle que nos charrues ne le pourront jamais ; que le riche propriétaire anglais a, tout aussi bien que le négociant, l'esprit de spéculation et de commerce, et qu'il ne craint pas de faire une avance majeure de capitaux, qu'il place à un taux le plus assuré, s'il n'est le plus avantageux possible.

Ces allégations, quoique fondées sous certains rapports, mais étrangères à la question elle-même, trouveront naturellement leur réfutation dans les ouvrages spéciaux que nous avons cités ; et si, en effet, dans d'autres conditions, on peut arriver aux mêmes résultats, s'il suffit de détruire des préventions plutôt que des difficultés sérieuses, espérons que nos agriculteurs ne reculeront plus devant de légères avances faites au sol, qui n'a jamais failli aux efforts de l'homme (1).

L'Angleterre a construit des machines pour la fabrication des tuyaux de drainage, comme elle en a fait pour toutes les opérations agricoles. La France n'est pas restée en arrière, et nous avons vu et expérimenté des machines très-ingénieuses et fonctionnant bien ;

(1) D'après les renseignements les plus récents, recueillis par M. Payen, on admet qu'une année de récolte suffit souvent, en Angleterre, pour payer les frais de drainage (*Notice* de M. de Hennerel).

mais la multiplication de leurs rouages, de leurs forces combinées, leur importance, augmentent tellement cette première dépense, et rendent, d'un autre côté, leur fonction tellement compliquée et si difficile, que ces machines ne peuvent convenir qu'à des industries et à des fabriques spéciales. Une de ces machines nous a été confiée par la Société d'agriculture pour être expérimentée. Lorsqu'elle a été soumise à la pression nécessaire à la fabrication des tuyaux, elle a offert divers dérangements et des cassures notables. Nous devons ajouter que la plupart des machines connues n'ont pas dû favoriser la propagation du drainage. Propriétaires et directeurs de la fabrique de grès céramique de Toulouse, nous avons cherché à détruire les inconvénients signalés, en combinant un système de machine aussi simple et solide que peu coûteuse, pouvant être à la portée de toutes les ressources, de toutes les aptitudes et de toute localité; en un mot, un simple instrument aratoire appelé à trouver place auprès de la charrue et de la herse, plutôt qu'une machine destinée au monopole du fabricant.

Celle que nous avons établie a paru réunir ces conditions essentielles, ainsi que peut le démontrer à la première vue le plan que nous en donnons. (V. pl. 1re.)

Elle est établie, sans frais majeurs, par MM. J. Raynaud et Ce, rue Fourbastard, 7, à Toulouse, auxquels nous avons cédé le privilége de les établir et vendre.

Les modèles ayant été étudiés avec le plus grand soin et modifiés d'après l'expérimentation et le service, on conçoit combien il sera avantageux et économique de prendre les machines établies par MM. Raynaud et Ce. Plusieurs machines ont déjà été fournies sur la demande des préfectures voisines, et sont établies dans leurs cantons.

Quoique nous ne nous soyons livrés à la fabrication des tuyaux de drainage que d'une manière très-secondaire, occupés par des travaux d'une autre nature, nous avons obtenu, par notre procédé, des résultats qui nous ont permis de livrer les tuyaux à des prix bien inférieurs à ceux qui sont établis dans plusieurs fabriques. Le tableau ci-joint indique la différence du prix des tuyaux dans diverses localités comparé avec celui de notre établissement.

*Tableau du prix de revient des tuyaux de drainage dans diverses localités, au 1er janvier 1855.*

*Les tuyaux ont en moyenne 0m 33c de longueur.*

| INDICATION DES LOCALITÉS. | DIAMÈTRE INTÉRIEUR. | PRIX DU MILLIER. |
|---|---|---|
| Briqueterie du Grand – Saint – Blaise (Sarthe). . . . . . . | 0m 038m | 28 f » |
| id.   de Courtignoles (Sarthe). | 0  035 | 27  » |
| id.   de Pâtisseaux   (id.) | 0  035 | 25  » |
| id.   de Rouperoux   (id) | 0  035 | 22  50 |
| id.   de La Roche   (id.) | 0  035 | 22  50 |
| id.   des Agets (Mayenne). | 0  035 | 22  » |
| id.   de Lapujade (Toulouse). | 0  040 | 26  » |
| id.   Virebent frères   (id.) | 0  040 | 18  » |

Tout propriétaire pourra, sans difficulté, ainsi que nous l'avons dit, être fabricant lui-même et diriger la fabrication des tuyaux de drainage.

Nous sommes persuadés qu'en déduisant le gain modéré que l'on doit trouver dans toute entreprise, en employant de simples manouvriers, en utilisant les moments forcés de chômage sur un domaine un peu considérable, en économisant les frais de transport trop élevés à des distances éloignées, enfin en combinant les ressources les plus avantageuses que peut offrir le chauffage dans chaque localité, on obtiendra de tels résultats, que le drainage sera désormais à la portée de toutes les ressources.

La machine que nous avons établie, et dont le premier essai a fonctionné en présence des autorités qui nous ont honorés de leur présence, ne peut aujourd'hui éprouver de dérangement. Quoique servie par de simples manouvriers, elle a donné les meilleurs résultats pendant la dernière campagne, et nous avons pu donner les tuyaux de drainage à un prix bien inférieur à celui établi jusqu'à ce moment, ainsi que le démontre le tableau comparatif que nous avons donné.

Elle est à simple effet ou à double effet. Ce dernier mode offre à un établissement industriel le précieux avantage de l'économie de temps et de manœuvre.

Nous diviserons cette notice en quatre chapitres :

1º Description, fonction et manœuvre de la machine;

2º Choix et préparation de la terre à fabriquer les tuyaux de drainage ;

3º Dispositions, soins à prendre et dessiccation des tuyaux de drainage;

4º Description d'un fourneau facile à établir, et cuisson des tuyaux de drainage; instruction sur le chauffage.

# CHAPITRE PREMIER.

## Description, fonction et manœuvre de la machine établie par MM. Virebent frères.

Nous aurions dû naturellement commencer par le choix et la préparation de la terre ; mais nous devons répondre et prévenir des objections importantes, en avertissant, dès l'abord, que chacun pourra réduire cet écrit et nos instructions aux proportions simples et succinctes de ce premier chapitre.

Nous avons dit, en effet, que tout propriétaire peut devenir fabricant, afin de détruire le monopole qui peut s'établir, et obtenir surtout l'économie la plus grande. Ce conseil, nous n'en doutons pas, paraîtra peu séduisant et peu praticable ; beaucoup diront, sans doute, qu'ils ne peuvent accepter des conditions qui exigent des études, des essais, une surveillance assez compliquée, selon eux, pour refroidir leur zèle. Nous répondrons à ceux-ci que cette objection n'est pas fondée, et que, sans beaucoup de soins, ils peuvent en peu d'instants être à même de surveiller et diriger ces diverses opérations avec tout succès. Tout leur soin peut se réduire à la simple surveillance.

Et, en effet, presque partout, en France, il existe des briqueteries, et, par conséquent, des ouvriers assez expérimentés pour dispenser les propriétaires de s'occuper le moins du monde des opérations qui font l'objet des trois chapitres suivants. Le chapitre qui nous occupe les mettra dès-lors à même d'organiser leur fabrication, sans s'occuper des détails; à eux seulement de veiller à leurs meilleurs intérêts, en dirigeant les opérations avec intelligence et économie. Nous avons lieu de croire, toutefois, que cette publication pourra être utile à bon nombre d'agriculteurs, qui savent, avant tout, que le moyen le plus sûr d'arriver est de faire le plus possible par soi-même; et dès-lors nous croyons utile de leur dédier les chapitres suivants.

Ceci posé, nous allons expliquer le système de fabrication et la manœuvre de la machine.

Trois ouvriers sont nécessaires pour le service; nous les désignerons par les nos 1, 2, 3.

Le no 1 ouvre le caisson A; il prend les ballons de terre (préparés comme il sera expliqué chap. II, § 2), les place successivement dans le caisson, de manière à ne pas laisser d'intervalle entre la terre et les parois du caisson, et en les juxtaposant toujours, autant que possible, sans laisser de vide (ce qui est très-essentiel); il referme le caisson, qui est aussitôt soumis à la pression par le no 2 et le no 3, qui font mouvoir la roue B. Le no 1 reçoit les tuyaux sur la toile sans fin C, et opère la section en élevant les secteurs D; dès que les tuyaux arrivent à l'extrémité et qu'il ordonne l'arrêt, le no 2 et le no 3 vont prendre les tuyaux et les disposer ainsi qu'il sera indiqué au chapitre III.

Le no 1, pendant cette opération, prépare les ballons pour charger de nouveau le caisson, qu'il s'empresse de remplir de la même manière que la première fois, et successivement. Suivant que la filière formant les tuyaux est percée d'un plus ou moins grand nombre de trous, la machine peut fonctionner une ou deux et trois fois, sans être chargée de nouveau. On est alors averti que le piston est à la fin de sa course, au moyen d'un timbre F placé à l'extrémité du caisson, qui indique le temps d'arrêt.

Dans les machines à double effet, le n⁰ 2 et le n⁰ 3 (au lieu de ramener le piston à vide, ainsi que cela se pratique dans le système à simple effet, pour recharger le caisson) font tourner la roue du côté opposé et en sens inverse pour opérer la pression sur le 2e caisson. Un quatrième ouvrier est nécessaire pour la manœuvre de la machine à double effet.

La recommandation de ne point laisser de vides en garnissant le caisson est très-essentielle, avons-nous dit. En effet, l'air que renferment ces vides, venant à être pressé, s'échappe par la filière, perce et fait éclater les tuyaux qui se déchirent.

Toutes les fois que le service de la séance est fini et ne doit se reprendre que plus tard ou le lendemain, on doit avoir le soin de nettoyer le caisson et les filières, afin que la terre, venant à sécher, ne rende la préparation de l'opération suivante plus difficile, et par suite plus longue. On tiendra la vis ou la crémaillère imbibée de graisse ou d'huile.

On a souvent demandé quel est le diamètre le plus convenable des tubes *ordinaires :* il peut varier de 0,03 à 0,05 centimètres, d'après les observations consignées dans les divers rapports sur la matière. Ce diamètre doit être plus ou moins fort en raison des distances et des pentes, ainsi que l'établissent les ouvrages déjà cités, et particulièrement les *Instructions sur le drainage*, par M. de Hennerel, publiées par M. Migneret, préfet de la Sarthe.

Nous avons adopté les dimensions les plus communément employées. Nous ajoutons qu'au moyen d'un changement de filière, notre machine peut indistinctement fabriquer toutes les grandeurs.

Quant aux collets couvre-joints, ils sont faciles à établir par la section des tuyaux d'un diamètre supérieur; mais un tuileau, une ardoise, un schiste, suffisent pour couvrir la jonction des tuyaux, ce qui est une économie.

# CHAPITRE II.

## Choix et préparation de la terre à fabriquer les tuyaux de drainage.

### § 1er.

### *Choix de la terre.*

La destination des tuyaux de drainage, placés sous le sol, à l'abri des influences atmosphériques, dispense le fabricant des recherches et des essais nombreux qu'exigeraient chaque pays, chaque nature de terre. Quelques données sommaires suffiront pour trouver partout l'argile la plus convenable à une fabrication qui n'offre pas de difficulté.

Nous nous abstiendrons d'entrer dans des théories, plus longues qu'utiles dans notre espèce, nous bornant à donner des instructions positives.

Nous avons dit que presque dans toute la France, il existe des briqueteries; qu'il est donc facile de trouver des ouvriers connaissant assez leur profession pour obtenir un choix convenable de terre et une préparation suffisante. Toute terre propre à fabriquer la tuile à canal ou crochets (et cette qualité se fabrique partout) peut suffire à la fabrication des tuyaux de drainage.

La terre destinée à la fabrication des tubes à drainer doit être malléable ou *plastique*. On entend, par ce mot, la faculté de prendre sous la main de l'ouvrier toutes les formes qu'il veut lui donner.

Pour obtenir cette qualité, la pâte ou terre ne doit être ni *longue* ni *courte*.

Les pâtes longues sont celles qui possèdent un trop haut degré de plasticité ; les pâtes courtes sont, par opposition, celles qui ne le possèdent que faiblement. On évalue la plasticité d'une pâte par le degré d'allongement que les boudins ou colombins de cette pâte peuvent prendre sans se rompre ni se déchirer en les tordant. Il faut donc amoindrir les qualités de la première et augmenter la force de la deuxième.

La terre à brique ordinaire est en général l'argile ou terre vitrifiable, tenant un milieu entre la glaise et le sable, et composée de l'un et de l'autre.

Lorsque l'argile approche plus de la qualité du sable que de celle de la glaise, elle n'est point douce au toucher, point savonneuse quand elle est humide ou sèche. Cette argile est alors appelée *maigre*. Pétrie à l'eau, elle a peu de consistance, elle se gerce, sèche en peu de temps et casse facilement par la difficulté qu'offre la liaison de ses molécules. Dans l'état de siccité, elle est communément d'un jaune clair, très-friable sous les doigts, légère et fort poreuse. Cette argile pure, fabriquée et cuite, ne réussit pas, et les ouvrages qui en sont formés ne prennent pas au feu le degré de consistance qui fait la bonne qualité. On doit alors faire un mélange avec la terre que l'on trouve ordinairement à la surface du terrain d'où l'on extrait l'argile. Celle-ci ressemble à celle des jardins. C'est la terre calcinable, celle qui produit les végétaux, la terre végétale.

En combinant ces deux terres, on composera une pâte ayant la plasticité nécessaire; peu d'essais suffiront pour obtenir ce but (Voir le tableau qui termine le § 2).

Lorsque, au contraire, l'on reconnaît que la terre est trop approchante des glaises, qu'elle est savonneuse et trop forte, que les essais tourmentent et se brisent, on ajoute, en le mêlant comme il sera indiqué, du sable, ou une certaine mesure de terre très-sablonneuse, pour donner à cette pâte les conditions voulues.

L'expérimentation seule peut guider dans ce cas; elle est aussi facile que concluante. On pourra s'aider de la comparaison des terres et des mélanges employés dans les briqueteries les plus voisines.

Le sol offre généralement partout des veines d'argile très-propres à faire des briques communes. Les variations fréquentes que l'on y remarque, essentielles pour des fabrications d'une autre nature, doivent rester inaperçues dans un ouvrage de notre espèce. L'expérience nous a démontré que partout, au moyen de quelques essais, il est possible de préparer d'excellente pâte pour la grosse fabrication, à laquelle on peut assimiler les tuyaux de drainage.

Ces indications sommaires suffiront, sans doute, pour donner à tout ouvrier la facilité de trouver la terre la plus convenable, soit par sa propre expérience, soit en s'aidant de celle des ouvriers potiers ou briquetiers de la localité, soit enfin en se guidant par le tableau qui termine le paragraphe suivant.

§ 2.

*Préparation de la terre.*

Les terres, une fois choisies, quelle que soit leur nature d'ailleurs, ont besoin d'être préparées pour offrir une bonne pâte, bien mélangée, dépourvue de tout mélange étranger et propre à se prêter aux formes que l'on veut lui donner. On coupe d'abord les terres, pour les extraire, aussi minces que possible avec la houe; on les étend sur l'aire au soleil pour les sécher; on les pulvérise en les massant avec le dos de la houe; on enlève les herbes, racines ou pierres, enfin tous les corps hétérogènes qui peuvent nuire à la fabrication; on les passe à la claie, s'il est nécessaire. C'est dans cet état que doit être faite l'addition de sable ou de terre, en qualité et en mesure jugées nécessaires par l'expérience faite préalablement et qui doit toujours servir de base. L'amaigrir, si elle est trop siliceuse ou trop grasse, par une addition de sable; dans le cas contraire, faire une addition d'argile pour la rendre plus grasse.

A cet effet, la terre ainsi pulvérisée est déposée sur le sol aplani; la quantité à préparer étant mesurée indiquera la quantité de sable ou d'argile à ajouter pour compléter le mélange par tiers, par quart, par cinquième, etc. Cela fait, on mélange autant que possible ces terres de manière à n'offrir à l'œil qu'une même poussière. On jette alors le tout peu à peu dans une fosse semblable à celle où l'on éteint la chaux, ou dans des baquets assez grands, dans lesquels on a versé de l'eau en quantité suffisante pour être absorbée par la terre à préparer. On doit jeter la terre de manière à ce qu'il ne reste pas de partie sans être pénétrée. La terre est ainsi jetée en l'éparpillant jusqu'à ce que l'eau ne paraisse plus à la surface. On laisse tremper le mélange, *sans le remuer*, sept ou huit heures s'il est nécessaire, jusqu'à ce qu'il soit assez ramolli pour se laisser mêler et *marcher* facilement.

Cette opération essentielle a pour but de compléter le mélange de la pâte, en lui donnant une telle homogénéité que les divers éléments qui la composent ne forment plus qu'un corps par l'exacte répartition dans toute la masse de terre des diverses natures d'argile, de sable ou de terre. Cette condition, on le conçoit sans peine, est la plus importante à remplir dans la manipulation de la terre ; car l'opération mal exécutée donnera certainement des pertes qu'il est facile d'éviter par une bonne préparation.

Le marchage de la terre exige plus de force que d'adresse, et cette force doit exister plutôt dans les pieds que dans les mains, attendu que ce sont particulièrement les extrémités inférieures du corps qui sont mises en jeu.

Voici comment on agit :

On place une planche ou carré mobile fait exprès près de la fosse, on le saupoudre de sable, afin d'éviter que la terre se colle à ce plancher. On y dépose, au moyen d'une pelle, la terre de la fosse, en formant un tas conique que l'on saupoudre de sable. Le marcheur, les pieds nus, commence par fouler la circonférence du tas, en s'aidant d'un bâton sur lequel il s'appuie, tantôt d'une main, tantôt de l'autre, ce qui le soulage beaucoup et augmente sa pression.

Après avoir fait le tour de la circonférence du tas, l'ouvrier continue sa marche en remontant vers le sommet. Arrivé au centre, il relève la terre avec la pelle, la dispose de nouveau en tas conique comme précédemment ; et si elle paraît un peu sèche, il fait une aspersion d'eau selon le besoin ; il saupoudre avec du sable, et opère un second marchement.

Après cette opération, il prend un peu de pâte, en fait un colombin (petite corde), voit si elle est tenace, observe si le mélange est parfait, si le sable est bien disséminé également dans toute la masse, et enfin termine l'opération par une troisième marchage.

On reconnaît que la pâte est bien marchée, lorsqu'elle ne présente pas de *durillons,* ou morceaux d'argile entiers, échappés aux pieds du marcheur. Afin de le reconnaître plus aisément, on coupe la masse avec un fil de laiton ou autre, et l'on examine attentivement le plan de la coupe. Si la pâte est mal marchée, elle paraît marbrée, et l'œil distingue facilement des parties luisantes et soyeuses, qui indiquent les parties de terre dans l'état naturel; alors un quatrième marchement est nécessaire.

Dans le cas contraire, la pâte offre une parfaite égalité de teinte, un sable bien répandu, enfin une grande homogénéité; alors le marchement a été bien exécuté.

L'opération terminée, on dispose la pâte en masse compacte, bien tapée, soit à l'aide d'une masse, soit au sabot. Ce dépôt doit être fait dans un lieu frais, à l'abri de l'air. On laisse ainsi la pâte quelque temps, car le tassement, facilité par l'évaporation des gaz, rend la pâte meilleure, plus malléable et plus propre au travail. Elle offre, en outre, moins de variations dans les formes et de déchet dans les épreuves : c'est ce qu'en terme de fabrique on appelle improprement *laisser pourrir la terre.* Cette condition, indispensable pour des ouvrages d'une autre nature, sera donc remplie, autant que faire se pourra, par le fabricant des tuyaux de drainage.

Après un séjour plus ou moins prolongé dans la masse, on prend la terre par ballons carrés de 40 centimètres environ de côté, du poids de 20 à 25 kilogrammes, que l'on établit sur un banc ou pierre. Un homme, armé d'une barre de fer de 1 mètre de longueur environ sur 2 à 3 centimètres d'équarrissage, frappe à grands coups le ballon de terre en le coupant à coups très-rapprochés, en sorte que cette terre frappée se détache par feuilles jusqu'à l'extrémité du côté opposé où l'on a commencé. Il croise ses coups dans l'autre sens, relève ensuite la terre, en forme un ballon carré, et la pâte est prête à être employée et bonne à mettre sous la presse.

Le degré essentiel de dureté que doit offrir la terre à ce moment, pour donner de bons résultats et éviter l'affaissement des tuyaux, peut être reconnu ainsi : Une balle de calibre en plomb du poids de 35 grammes, tombant d'une hauteur de 1 mètre 50 centimètres, ne doit s'enfoncer dans la pâte que de la moitié de son diamètre.

Ces diverses opérations peuvent être singulièrement simplifiées suivant la nature des diverses terres, principalement dans nos contrées, où presque partout l'on trouve des terres qui peuvent suffire, même sans mélange, à la fabrication des briques, etc.

Nous avons dû donner une marche plus indicative pour les localités où le sol est moins riche et les moyens de fabrication moins faciles.

Le tableau ci-après pourra donner les proportions les plus ordinaires des mélanges de terre, et servir de base aux essais que pourra faire tout fabricant de tuyaux de drainage.

*Tableau indicatif des mélanges de terre, suivant leur nature, pour obtenir la pâte à fabriquer des tuyaux de drainage.*

| NATURE DES TERRES. | QUALITÉ DE TERRE à ajouter. | QUANTITÉ DE SABLE à mêler. | OBSERVATIONS. |
| --- | --- | --- | --- |
| 1° Terres ordinaires dites boulbènes. | 0 | Sable nécessaire à la manipulation seulement. | Ces terres peuvent ordinairement être employées sans mélange ou addition. |
| 2° Terres légères. alluvions (boulbènes légères). | Terre glaise 1/3. | Sable nécessaire à la manipulation. | Ces terres, lorsqu'elles offriront des graviers, etc., seront passées à la claie. |
| 3° Terre forte. | 0 | Sable 1/3. | Ces terres exigent du soin dans le piquage et l'écrasement. |
| 4° Argile forte. | 0 | Sable 1/3. | Même observation, surtout pour l'écrasement. |
| 5° Terre siliceuse et mar—neuse. | 0 | Sable du 1/4 ou 1/3 suivant sa plasticité. | Ces qualités de terre exigent ces mêmes soins. On se trouverait très-bien de la préparation obtenue par l'hivernage de ces terres dispersées sur l'aire par petites couches. Elles sont ainsi pulvérisées et bonnes à manipuler sans frais. |

Ces dernières terres offrant par leur nature une variété infinie, on devra procéder par expérience pour combiner les meilleurs mélanges pour la fabrication.

# CHAPITRE III.

## Dispositions : soins à prendre des tuyaux de drainage : dessiccation.

Avant de mettre la machine en jeu, l'ouvrier prépare l'aire où doivent être placés les tubes. Il rendra le sol uni au moyen d'un ratissoir en bois. Il étendra une couche de sable de 2 centimètres environ, afin que les tuyaux soient un peu calés en les déposant. On place un cordeau à l'une des extrémités pour diriger le poseur dans la disposition du premier rang.

L'ouvrier n° 3 viendra déposer les tuyaux qu'il a reçus avec la fourchette M (pl. 1ʳᵉ). Il pose les tuyaux horizontalement, et dégage avec précaution les dents de la fourchette, qu'il échange avec le n° 2 qui a dû aller prendre la deuxième fourchette. Le n° 3 revient poser celle-ci, et ainsi de suite. Le premier rang terminé, on en commence un second juxtaposé au premier rang. Le deuxième rang terminé, on laissera un intervalle ou passage de 30 centimètres, et on opérera ainsi successivement. Il faut avoir le soin de mouiller légèrement la fourchette pour faciliter son entrée dans les tuyaux et son dégagement après le posage desdits tuyaux.

Les tuyaux doivent autant que possible être disposés dans un endroit abrité et garanti des vents trop forts qui compromettraient leur bonne conservation. On place des abri-vents, des nattes, planches, fagots, etc., ce que l'on a sous la main, pour arriver à ce but. L'essentiel est de ne pas trop hâter la dessiccation, qui doit être *lente* et *progressive*. Lorsque les tubes ont un peu pris (c'est-à-dire un peu durci pour pouvoir être maniés), l'ouvrier passe dans les sentiers laissés entre les rangs et retourne les tuyaux, de manière que le dessous que le sable a conservé frais sèche à son tour. Il ne faut pas s'inquiéter de la courbure que présenteront les tuyaux en cet état, la nouvelle disposition opérant la dessiccation les rendra droits.

Lorsque les tuyaux paraîtront à peu près secs, on les enlèvera de leur place; s'ils paraissent un peu courbés, on les redressera en les frappant légèrement et les tournant sur un plan uni. On pourra au besoin, au moyen d'un mandrin conique, offrant la forme indiquée pl. 3, n° 9, et ayant le diamètre des tubes, arrondir les orifices qui se seraient affaissés. On les place ensuite en tas jusqu'à ce qu'ils aient complété leur dessiccation.

Un moyen de disposition plus simple existe encore : on peut placer les tuyaux verticalement et touchants, de manière qu'en plaçant le deuxième rang, les tuyaux viennent garnir le vide produit par les tuyaux du premier rang. Ce mode de posage nous paraît préférable. Il est particulièrement praticable, lorsque la pâte employée est siliceuse ou marneuse, les tuyaux offrant alors plus de résistance et de force. Une bonne préparation des terres, une ventilation bien ménagée, et surtout une expérience promptement acquise, épargneront une partie des moyens et des soins que nous devions toujours indiquer.

# CHAPITRE IV.

## Description d'un fourneau facile à établir et enfournage des tuyaux de drainage. — Instruction sur la chauffe.

### § 1er.

Les anciens fours romains démontrent que rien n'est plus facile à construire, surtout quand il s'agit d'ouvrages grossiers. Tout propriétaire peut en établir pour consommer des bois, des brandes d'une vente souvent difficile et qui lui donneront désormais les moyens de fertiliser un sol presque improductif. Cet établissement peut être très-économique, lorsque l'on aura la facilité de creuser le four dans un tertre, dans un côteau, de manière à éviter presque toute construction.

Nous donnons ici le plan d'un fourneau qui offre une économie notable par sa construction et par ses avantages. Les dimensions qui pourront être augmentées ou diminuées proportionnellement, sont celles qui sont les plus convenables à la disposition et à la bonne cuisson des tuyaux de drainage.

Inutile de faire observer que l'on peut cuire les tuyaux dans les fours de potier, de chaux et de briqueteries ordinaires, avec cette seule différence que le fourneau, dont nous donnons les proportions, peut être entièrement rempli de tuyaux, tandis qu'il ne serait pas prudent ni même possible d'en agir de même dans les grands fours de nos contrées.

Le four dont nous donnons le plan (pl. 2) offre une

largeur dans œuvre de 1 mètre 30 centimètres sur une longueur de 2 mètres. Cette proportion convient parfaitement au fabricant de tuyaux de drainage, qui pourra entièrement remplir le four de ses tubes et leur donner une cuisson convenable sans le concours d'autres articles. L'épaisseur des murs du four est de 50 centimètres, celle de la paroi P qui l'environne est de 80 centimètres. On opèrera un déblai de 1 mètre de profondeur au moins au-dessous du niveau du sol; on déblaiera également le plan incliné pour parvenir à l'alandier F, en ayant le soin de placer cette ouverture autant que possible vers le nord, cette direction étant plus favorable que toute autre à la ventilation nécessaire au chauffage.

Les déblais à opérer pour l'établissement du four sont de 2 mètres 30 centimètres de largeur sur 3 mètres de longueur, non compris le plan incliné pour parvenir à l'alandier, qui s'établit de manière à ce que l'accès de ce dernier soit facile et commode.

Les terres extraites servent à construire la paroi en pisé P, qui doit entourer le four, ce qui est une économie sur une construction en brique; car, à défaut de paroi, il est nécessaire de construire un mur qui remplace celle-ci. Le total de l'épaisseur (mur et paroi) est donc de 1 mètre 30 centimètres.

Les parois étant établies, on construit le mur d'enveloppe (chemise en terme de tuilier) en garnissant tous les joints de brique avec soin et en le buttant le plus possible contre les parois. Les murs doivent être d'aplomb à l'intérieur. En élevant les parois et les murs on laissera le passage E, appelé pas, qui sert à charger le four et à connaître, comme nous le verrons plus tard, l'état et la bonne conduite du feu et de la cuisson. Le deuxième mur ou chemise doit être élevé de même épaisseur, jusqu'à 2 mètres environ, où on l'abandonnera pour établir des piliers destinés à supporter l'auvent ou faîtage.

Dans le cours de la construction, on pourra se servir de tuile crue, surtout en buttant la paroi ; mais il ne convient pas de l'employer au-dessous du niveau du sol.

En élevant la face du mur où est l'ouverture F, on établit celle-ci avec un ceintrage à tiers-point : cette ouverture, par laquelle s'opère la chauffe, s'appelle l'alandier. Pour maintenir l'entière construction dans son état et éviter l'effet de la poussée produite par le chauffage, on établit une armature ou sorte de cadre L, en bois de chêne ou autre, relié par des équerres en fer. Cette précaution est très-nécessaire à la conservation des fours et prolonge leur durée.

Enfin, l'on construit les arceaux qui composent le fourneau, lesquels ne doivent point être liés aux murs de revêtement, afin d'être renouvelés au besoin sans dégradation. Ces arceaux sont au nombre de cinq, et ont un espacement de 10 centimètres ; leur dimension doit excéder d'environ 5 à 6 centimètres celle de l'alandier ; car, par leur affaissement, ils pourraient, après quelques chauffes, offrir des difficultés au chauffage. Ils doivent être ceintrés à tiers-point, comme l'alandier. Dans les contrées où abonde la houille et la tourbe, on établit des grilles dans les voûtes des arceaux pour faciliter la combustion.

Nous croyons qu'un petit four, ainsi construit, peut suffire, et au-delà, à tous les besoins d'une vaste propriété ou même d'un canton.

On pourra construire des fours plus grands , en augmentant, comme nous l'avons dit, les proportions ; mais on ne pourrait doubler ces dimensions sans établir deux alandiers. En ce cas même , il serait nécessaire de placer quatre ou cinq assises de briques dans chaque fournée avant de placer les tuyaux de drainage. La convenance seule devra décider de cette disposition.

§ 2.

*Enfournage des tuyaux de drainage.*

Les tuyaux de drainage étant bien secs sont placés dans le fourneau sur une ou deux pointes (rangs de briques entrecoupés d'ouvertures) de briques, les unes à côté des autres, dans une position verticale, et entrecoupées par des intervalles. Si le four est de grande dimension , tels que ceux des briqueteries ordinaires, on placera les tubes dans la partie du fourneau où est placée ordinairement la brique dite marteau-fort, tuile à canal , etc. En ce cas, on forme des caissons au moyen de rangs de briques , sur lesquels repose le reste de la fournée sans porter sur les tuyaux de drainage.

Dans le fourneau indiqué , une seule assise de briques suffira ; au-dessus des arceaux D on pourra placer immédiatement les tubes, en faisant néanmoins observer que les plus forts tuyaux doivent naturellement supporter les plus faibles en diamètre. La première assise étant bien établie et calée, de manière à ce que les tubes ne puissent verser, on place un deuxième rang, et ainsi de suite, autant que le permettront les proportions du four. A la première, troisième et cinquième assise, on laissera une sorte de passage aboutissant à l'entrée ou *pas* E, destiné à introduire la pince pour saisir trois ou quatre tuyaux de montre que l'on placera en regard de ces ouvertures. On verra plus tard l'utilité de ces montres. Cette entrée est murée avec de la tuile placée de champ et lutée à l'extérieur.

On place ensuite de la tuile plate pour concentrer et retenir la chaleur.

Dès que le four est chargé, on se met en mesure d'ouvrir le feu.

## § 3.

### *Instruction sur la chauffe.*

Les terres cuites sont ou des produits céramiques à pâte tendre, lâche et poreuse, quelquefois hétérogène, peu dure, rayable par le tranchant d'un instrument d'acier, peu cuite et à son sourd, ou acquérant, par une haute température, la texture compacte et la dureté du *grès céramique ;* elle acquiert une dureté inattaquable par les acides et l'acier, rendant un son clair et vibrant ; elle résiste aux froids les plus intenses.

Ce simple exposé suffit pour démontrer que la cuisson a pour objet de durcir plus ou moins la pâte céramique, selon l'usage auquel elle est destinée.

Il importe donc de connaître le degré de cuisson que l'on doit obtenir pour donner aux tuyaux de drainage la solidité nécessaire. Toutefois, nous devons rappeler que les conditions de leur placement dans le sein de la terre n'exigent pas une grande supériorité de cuisson. On n'aura donc guère à craindre des imperfections dans le chauffage; les notions que nous allons donner suffiront pour obtenir des résultats assurés.

Les deux inconvénients causés, ou par le défaut de chaleur abandonné à un degré insuffisant, ou, au contraire, par un excès de chaleur poussé au-delà du degré nécessaire, doivent être évités avec le même soin.

Dans le premier cas, les terres restent tendres, terreuses, ayant une teinte sombre, soit qu'elles donnent ou le rouge ou le blanc. Elles ne sont point sonores, se délitent et s'exfolient aux moindres influences de l'atmosphère; donnent accès à la végétation du salpêtre, s'effritent et se perdent en peu de temps. Dans le deuxième cas, un feu trop longtemps soutenu ou trop vigoureusement poussé calcine ou vitrifie; la pâte céramique peut se ramollir et couler en fusion, ce qui occasionne, sans bénéfices pour la qualité des tuyaux, des pertes et des avaries qui peuvent devenir majeures. La terre, ainsi frappée par une température trop élevée, devient brun-foncé et peut arriver au noir. Tous les tuyaux gauchissent et adhèrent les uns aux autres par l'effet de la fusion.

Ces deux excès sont donc à éviter.

La pâte céramique doit arriver à une couleur rouge-vif, si elle est ferrugineuse; blanche, si elle est alumineuse ou calcaire. Poussée graduellement à ce degré, la chauffe produira des drains qui ne tourmenteront pas au feu et qui auront toutes les conditions désirables.

Le point important est donc de savoir connaître et apprécier la ligne de démarcation qu'il faut saisir entre les deux extrêmes, qu'il est si essentiel d'éviter.

Nous avons dit, en commençant ce chapitre, que lors de la mise en fourneau, on laisse certaines issues ou passages, afin de pouvoir en temps utile saisir les montres.

Lorsque le feu paraît avoir bien rayonné et pénétré la masse du fourneau, lorsqu'il peut s'apercevoir sur le haut de la fournée, vers la fin du grand feu, comme nous l'indiquerons plus tard, on saisit avec la pince la montre la plus basse; celle-ci, refroidie, donne l'état de la chauffe. Si elle présente les caractéres qui dénotent le défaut de cuisson, on continue le feu; si la montre indique que le feu est convenable, on examine, sans retard, une montre plus élevée, et ainsi de suite, et l'on soutient ou augmente, ou enfin on cesse le feu graduellement, suivant l'indication des diverses montres.

Un chaufournier un peu expérimenté n'a pas besoin de ces indications. La chaleur, la couleur du fourneau, la marche du feu, son expérience, sont pour lui des guides assurés; mais s'il est peu expérimenté, il vaut mieux user de prudence. Il devra donc consulter les montres plus tôt que trop tard; car il vaut mieux avoir à continuer le feu que de s'exposer à des avaries. Dans quelques jours, son expérience lui rendra ces précautions inutiles.

On pourra donc successivement, ou à temps donné, consulter quatre ou cinq montres placées à diverses hauteurs, et de cette manière obtenir un résulat assuré; car ces montres étant de la même forme que les autres articles, leur état indiquera l'état réel de la fournée. Par ce moyen, on suppléera facilement et avec sûreté à une pratique que chacun pourra bientôt acquérir.

Nous allons ajouter quelques instructions sur le mode de chauffage.

On allume le fourneau avec du bois refendu ou à brins dans le fond de l'alandier, que l'on bouche en partie pour activer le courant d'air ; le feu doit être très-lent en débutant, et se borner à chasser l'air froid en chauffant lentement la fournée. On pénètre successivement la masse des pièces et on attend que le calorique ait circulé dans les pores de la terre et dissipé toute l'humidité. Le four réchauffé et le tirage établi, on se rapproche successivement jusqu'à l'ouverture des alandiers, où l'on commence réellement le feu. Donner de la vigueur en commençant serait tout perdre ; car on ferait partir en éclats tout ce qui, plus à portée du foyer, ne serait pas encore suffisamment pénétré de chaleur, et la perte de ces premières assises entraînerait celle de tout le reste de la fournée qui, n'étant plus soutenue, tomberait à son tour en obstruant les conduits. La flamme ne trouvant plus d'issue pour échapper refoulerait au-dehors, le feu s'éteindrait, et la fournée serait perdue.

On n'a pas à craindre ce désastre, en conduisant le feu avec modération et en le graduant successivement jusqu'à ce que les arceaux D commencent à rougir : cette marche s'appelle trempe. On la prolonge suivant les indications qui terminent ce paragraphe, ou suivant la grandeur des fourneaux, et ensuite on donne plus d'activité à la combustion en augmentant le feu. Alors on commence à voir rougir l'intérieur du fourneau. Pendant ce premier feu, on aura brûlé le bois ou combustible le plus fort ; maintenant on prendra de préférence le bois le plus menu et, par cela même, donnant le plus de flamme... Le feu alors doit être soutenu également et sans intervalle ; c'est ce que les chaufourniers appellent le grand feu.

Quel que soit le combustible que l'on emploie, il ne

faut jamais dévier de la manière de conduire le feu que nous indiquons, et si, par l'emploi de la houille, de la tourbe, etc., on peut arriver plus vite à une bonne cuisson, il faut toujours ménager le premier feu et bien éviter les dangers que nous avons signalés. Le chauffeur doit retenir cet adage ancien : *Douceur dès le commencement, vigueur sur la fin.*

Indépendamment des montres, on reconnaît que le feu a terminé la cuisson lorsqu'il monte et paraît rouge-vif au-dessus de la dernière assise et dans toute l'étendue, lorsque enfin les arceaux du fourneau sont devenus blancs et transparents. La durée des chauffes doit être naturellement subordonnée aux grandeurs et dispositions des fourneaux, à la nature des marchandises à cuire, à celle du combustible employé. Le tableau que nous établissons d'après la capacité du four dont nous donnons le plan, servira de règle de proportion, qui doit néanmoins être soumise à des circonstances faciles à apprécier. La pratique des ouvriers les plus ordinaires et l'intelligence des propriétaires compléteront des instructions qui ne sauraient, dans les limites de cette notice, être données comme règle positive et invariable. On ne doit pas cesser subitement le feu. Le grand feu terminé, on diminue la charge, et quelque temps après on fermera les alandiers en bâtissant à sec un mur en brique, et luté extérieurement de mortier de terre. On laissera un petit trou à l'air pour éviter le refoulement de la chaleur.

Le temps où l'on doit défourner est indiqué par le refroidissement suffisant des marchandises. On se gardera de trop précipiter le refroidissement que l'on peut seulement aider. Des courants d'air, introduits trop tôt dans une fournée encore trop chaude, provoquent souvent des cassures et des avaries.

Il faut communément pour le refroidissement un temps égal à celui de la chauffe.

*Tableau indicatif du temps nécessaire à la cuisson des tuyaux de drainage renfermés dans un four suivant notre indication, et qui sera progressivement augmenté suivant la grandeur du fourneau.*

| DEGRÉ DU FEU. | OBSERVATIONS<br>ou indications pour la marche du feu. | DURÉE DU FEU. |
|---|---|---|
| 1° Petit feu. | Il variera de 12 à 15 heures, suivant la nature du combustible employé ( avec des fagots ou de la houille, 10 heures suffiront ), soit. . . . . | 14 heures. |
| 3° Feu moyen | Le feu moyen, appelé bâtard, durera de 2 à 3 heures. . . . . . . . . | 2 |
| 3° Grand feu. | On doit tenir ce feu pendant 16 ou 18 heures. . . . . . . . . . . | 17 |
| | C'est vers la 15° ou 16° heure que l'on doit visiter les montres dont nous avons parlé. | |
| 4° Clôture. | Le grand feu terminé, on continue, pendant 1 ou 2 heures, avec un feu moyen ou un petit feu. . . . . | 2 |
| | TOTAL. . . . . | 35 heures. |

Sur les conseils de M. le préfet de la Haute-Garonne, nous terminons ces instructions par la description et les dessins de divers outils nécessaires à l'établissement des fossés à drains. Nous garantissons l'exactitude et l'efficacité de ces instruments, dessinés par nous sur les modèles collectionnés par M. le préfet, et déposés à la préfecture de la Haute-Garonne.

**Modèles, description et emploi des divers outils collectionnés par M. le préfet de la Haute-Garonne, et reconnus les plus convenables pour établir les drains avec économie** (Voir pl. 3).

Par les soins de M. le préfet de la Haute-Garonne, une série complète d'outils, destinés à ouvrir les fossés à drainer, a été déposée à la préfecture où ils serviront de modèle. Dans sa sollicitude et son désir de trouver les meilleurs moyens de populariser le drainage, ce magistrat nous a engagés à ajouter à ce manuel les modèles et explications nécessaires à la confection et emploi de ces outils, exécutés d'après les meilleurs modèles, et dont l'emploi offre une notable économie.

Nous avons démontré, par le tableau comparatif du prix des tuyaux de différentes localités, que la machine et les moyens de fabrication que nous avons établis offrent un résultat assez satisfaisant, ayant pu livrer les tuyaux à un prix bien inférieur à tout autre. On comprendra très-bien que chaque propriétaire saura facilement obtenir des avantages encore plus grands en combinant toutes ses ressources et fabriquant sur place. Le but d'économie que nous nous étions proposé est donc atteint. Il s'agit moins, en effet, de fabriquer à telle ou telle distance des masses de tuyaux de drainage que d'en fabriquer partout et à bon marché. Par la multiplicité de ses fabriques et de ses moyens de locomotion, l'Angleterre n'a point cherché, peut-être, une plus grande économie, sous ce premier rapport, en affranchissant l'agriculture du monopole de ses fabricants ; mais elle a trouvé une économie notable dans la combinaison et le perfectionnement des outils destinés à creuser les drains. L'emploi de ces outils, qui ont servi de type à ceux qui sont déposés à la préfecture, permettant de donner aux tranchées des dimensions bien moindres que celles que l'on ouvre avec les instruments ordinaires, on conçoit l'économie qui en résulte. Leur description et la manière de s'en servir trouvent donc ici naturellement leur place, puisque leur emploi augmente encore l'économie des frais de drainage.

Pour démontrer l'avantage de ces outils, il suffira de faire remarquer que des tranchées de 80 centimètres à 1 mètre 30 centimètres peuvent être pratiquées sur une largeur de 40 à 50 centimètres à leur ouverture, tandis que les côtés formant talus réduisent le fond du drain à une largeur presque égale au diamètre des tuyaux. Avec les outils ordinaires, une largeur double serait insuffisante pour opérer.

Nous renvoyons aux traités spéciaux que nous avons cités pour les diverses opérations et dispositions préliminaires qui doivent précéder un bon drainage; nous devons nous borner à décrire les instruments que nous publions et indiquer la manière de s'en servir.

N° 1 (pl. 3). Pelle en fer, plus étroite que les pelles ordinaires, offrant une section creuse, et dont la forme va en décroissant depuis la douille jusqu'au tranchant. Le manche est en bois fort et plus gros que celui des pelles ordinaires; la longueur de celui-ci doit être de 70 à 75 centimètres.

N° 3. Curette plate, destinée à enlever les terres et

miettes restées dans le fond de chaque creusement ; elle est avec un manche fort, de 1 mètre 40 centimètres de longueur.

N° 2. Pelle dans les mêmes conditions que le n° 1, mais plus longue, plus étroite et ayant aussi un manche plus allongé.

N° 4. Curette creuse, plus étroite que le n° 3, et ayant son manche de 1 mètre 80 centimètres de longueur, destinée au même usage que la précédente et pour parvenir jusqu'au fond de la rigole.

N° 6. Batte en bois, destinée à unir le fond des drains et le régulariser, surtout dans les terrains pierreux. C'est un madrier arrondi dans sa partie inférieure, dans l'épaisseur duquel est pratiquée au-dessus une mortaise qui reçoit librement le manche, afin que la batte se mette en équilibre en fonctionnant, retenue seulement par une cheville qui l'unit au manche.

N° 5. Crochet ou petit mandrin emmanché, destiné à descendre les tubes au fond du drain et leur donner la position convenable. Ce crochet doit avoir un manche de 1 mètre 80 centimètres environ de longueur.

N° 7. Pince en fer ou en bois, pour descendre et poser sur les jonctions des tuyaux les pierres, tuileaux, collets, schistes, etc.

N° 8. Coupe ou section d'une tranchée dont les côtés doivent varier suivant les conditions.

Nº 9. Petit mandrin pour réformer l'orifice des tubes avariés (voir chapitre III). Cet outil se réfère à la fabrication.

Voici la manière d'opérer avec ces outils, qui donnent à trois hommes la faculté de faire très-bien et sans y revenir une rigole de 1 à 1 mètre 10 centimètres de profondeur.

Le premier ouvrier lève le gazon, ou le premier fer de pelle ordinaire de la superficie du sol ; on remplace très-avantageusement cet ouvrier par la charrue soussol, dite charrue fouilleuse.

Cette première ouverture étant faite, le deuxième ouvrier, muni de la pelle nº 1 et de la curette nº 3, creuse d'abord une profondeur égale à la longueur de sa pelle ; il se sert ensuite de la curette plate chaque fois qu'il a creusé de 80 centimètres à 1 mètre de longueur ; il nettoie après lui et enlève, sans se déranger de sa place, les débris tombés de sa pelle.

Le troisième ouvrier se sert de la pelle nº 2 et de la curette nº 4 de la même manière que le second ouvrier fait fonctionner les autres. Celui-ci a de plus une mirette qu'il aligne sur deux autres qui ont été posées par lui à des profondeurs déterminées par le conducteur des travaux, pour régler convenablement le fond de la rigole.

Les terres doivent être jetées au fur et à mesure assez loin, de manière à laisser libre un espace de 30 à 40 centimètres de chaque côté de l'ouverture, afin de poser facilement les tuyaux sans causer l'éboulement de ces terres, dont le poids même pourrait provoquer celui des bords de la rigole.

La dernière préparation du drain se fait au moyen de la batte qui, par sa disposition, obéit à la pente que présente le fond du drain.

Cela fait et les drains disposés au bord de la rigole, on descend les tubes à leur place, au moyen du crochet n° 5, en les rapprochant le plus possible. Le même ouvrier continue le placement, tandis qu'un autre, avec le couvre-joint n° 7, recouvre les jonctions avec des collets, schistes, etc.

Après qu'un ouvrier a jeté un peu de terre sur les tuyaux, il l'affermira un peu. Après cela, on comble la rigole.

On procède de même pour les rigoles de jonctions, etc.

En terminant cette notice, qu'il nous soit permis d'enregistrer les succès que notre système de fabrication a déjà obtenus, et de remercier les hommes amis du progrès qui ont bien voulu s'intéresser à nos premiers essais. En les encourageant, ils nous ont honorés d'une confiance que nous sommes heureux d'avoir pu justifier.

Au moyen de notre procédé, des travaux majeurs de drainage sont en voie d'exécution dans divers départements ; plusieurs de nos machines sont entre les mains d'actifs et intelligents propriétaires qui ne craignent plus d'aborder une amélioration agricole dont les résultats ne sont plus contestables. Nous espérons que ces instructions, que nous aurions désiré leur adresser plus tôt, viendront faciliter leurs utiles travaux et leur épargner quelques recherches.

De nouvelles demandes de machines sont journellement adressées, et beaucoup d'agronomes viennent reconnaître par eux-mêmes les avantages de notre système.

Ces succès sont pour nous une récompense d'autant plus grande, qu'ils nous présagent une détermination prochaine de quelques incertitudes qui existent encore. Puissent-ils propager un progrès que l'expérience a consacré comme un bienfait pour l'agriculture et pour les populations.

# TABLE DES MATIÈRES.



## CHAPITRE PREMIER.



## CHAPITRE II.



## CHAPITRE III.

## CHAPITRE IV.

PROFIL.

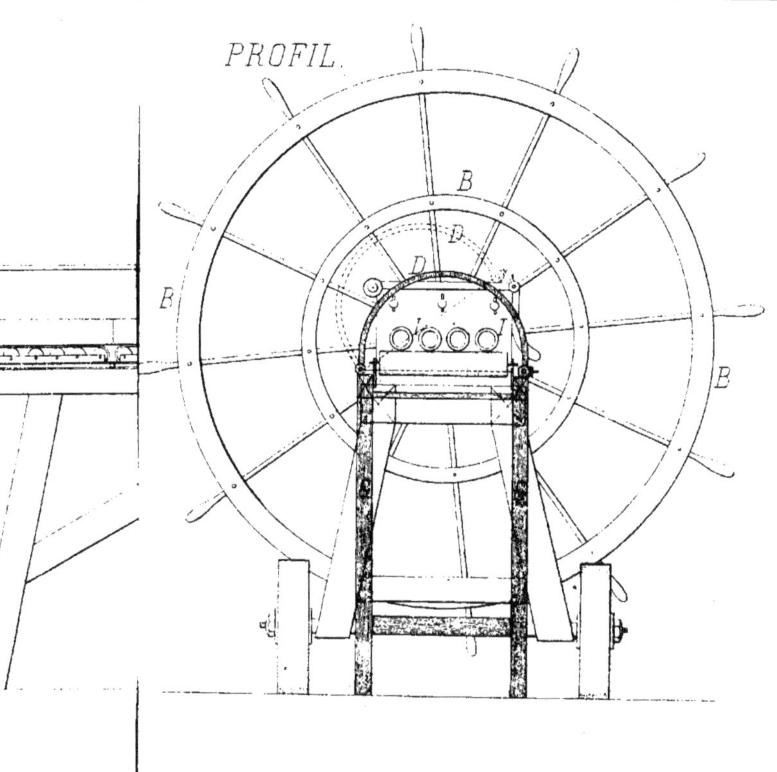


FOURCHETTE M.
pour enlever les Tuyaux.

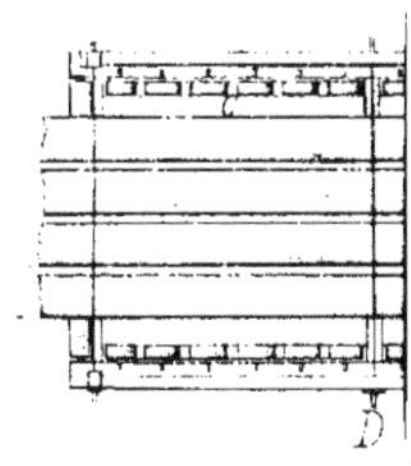

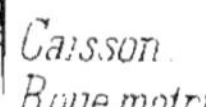

Caisson.
Roue motrice.
Toile sans fin recevant les Tuyaux.
Secteur coupant les Tuyaux en Parties egales.
Timbre annonçant le Départ et l'Arrivée du Piston.
Porte-Rouleaux.
Banc monté sur des Roues servant de Baths au Caisson A.
Tuyaux sortant de la Machine.

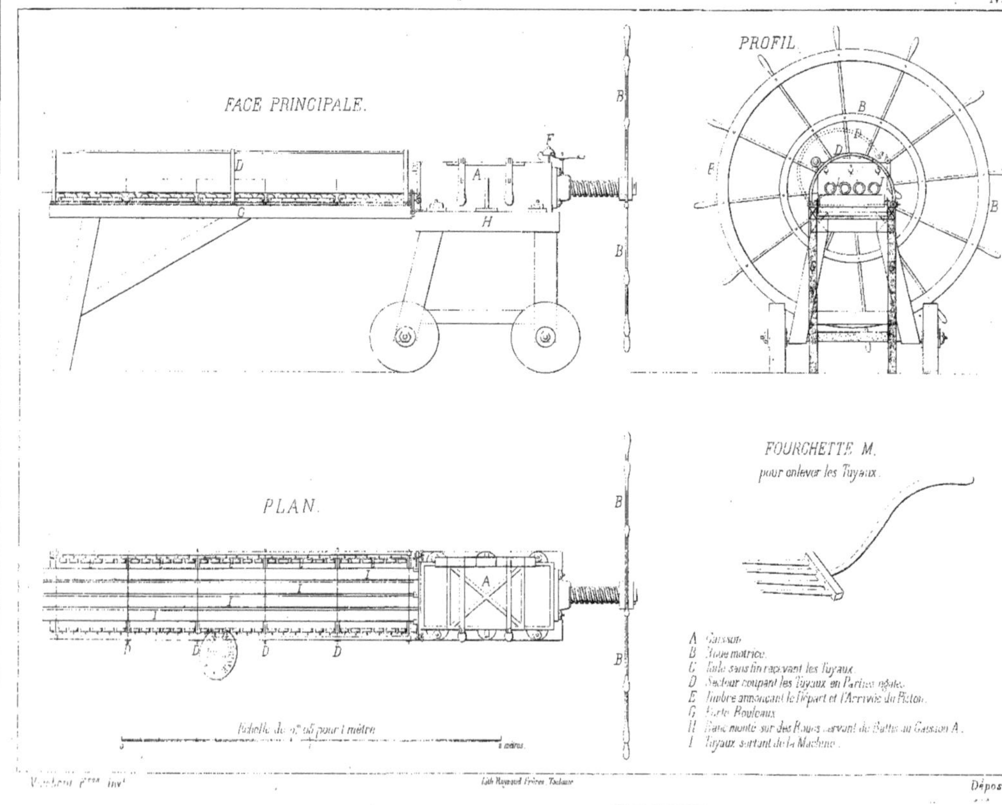

FACE PRINCIPALE.
PROFIL.
PLAN.
FOURCHETTE M.
pour enlever les Tuyaux.
Échelle de 0.ᵐ 05 pour 1 mètre
A   Caisson.
B   Roue motrice.
C   Toile sans fin recevant les Tuyaux.
D   Secteur coupant les Tuyaux en Parties égales.
E   Timbre annonçant le Départ et l'Arrivée du Piston.
G   Porte Rouleaux.
H   Banc monté sur des Roues servant de Butte au Caisson A.
I   Tuyaux sortant de la Machine.

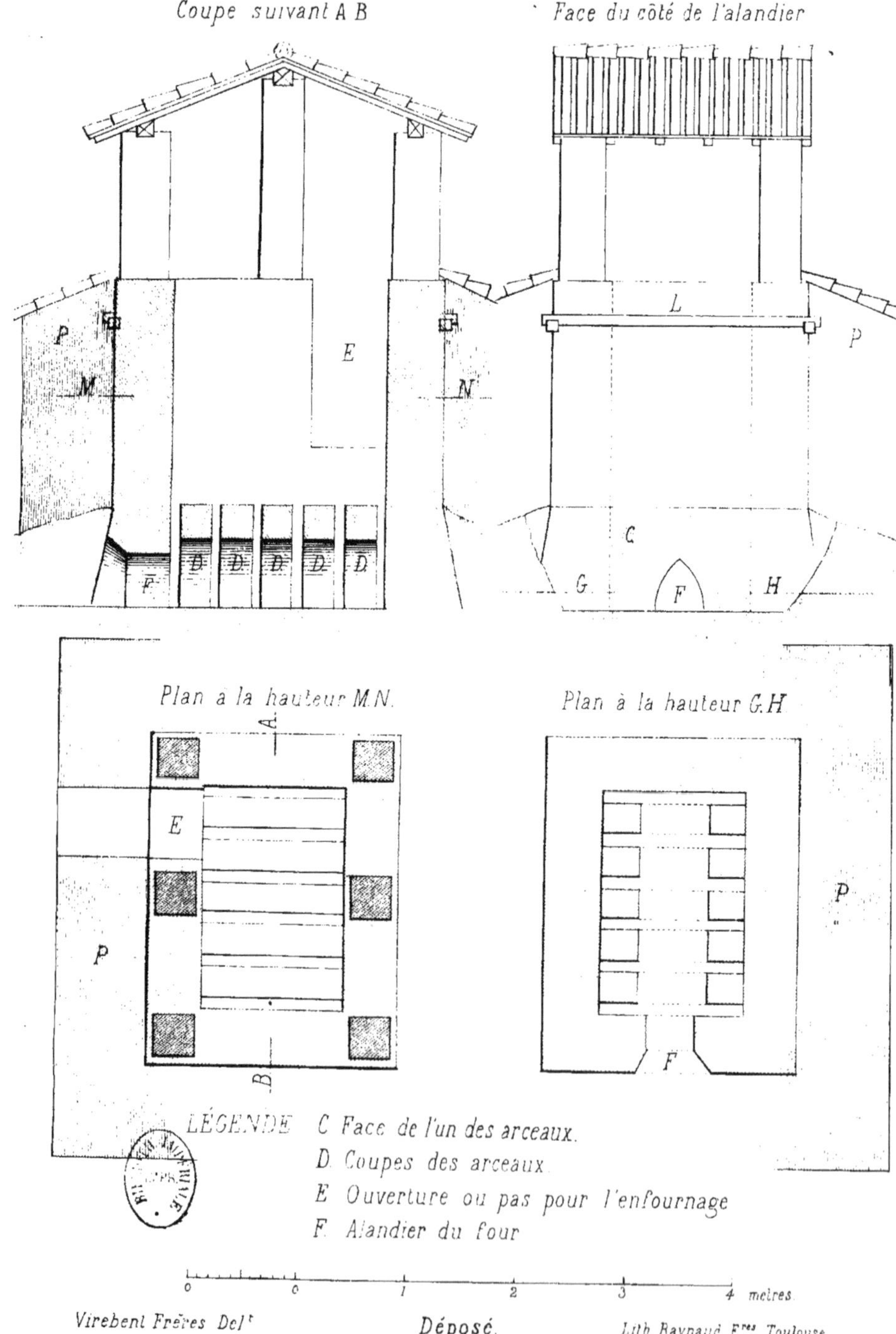

MODÈLE D'UN FOUR.
N.º 2.
Coupe suivant A B
Face du côté de l'alandier
P
M
E
N
L
P
F
D D D D D
C
G
F
H
Plan à la hauteur M.N.
Plan à la hauteur G.H.
A
E
P
P
B
F
LÉGENDE
C Face de l'un des arceaux.
D Coupes des arceaux.
E Ouverture ou pas pour l'enfournage
F Alandier du four.
0    0    1    2    3    4  mètres
Virebent Frères Del.t
Déposé.
Lith Raynaud F.res Toulouse

OUTILS EMPLOYÉS POUR LE DRAINAGE

# OUTILS EMPLOYÉS POUR LE DRAINAGE.

## Déposés à la Préfecture de la Haute Garonne.

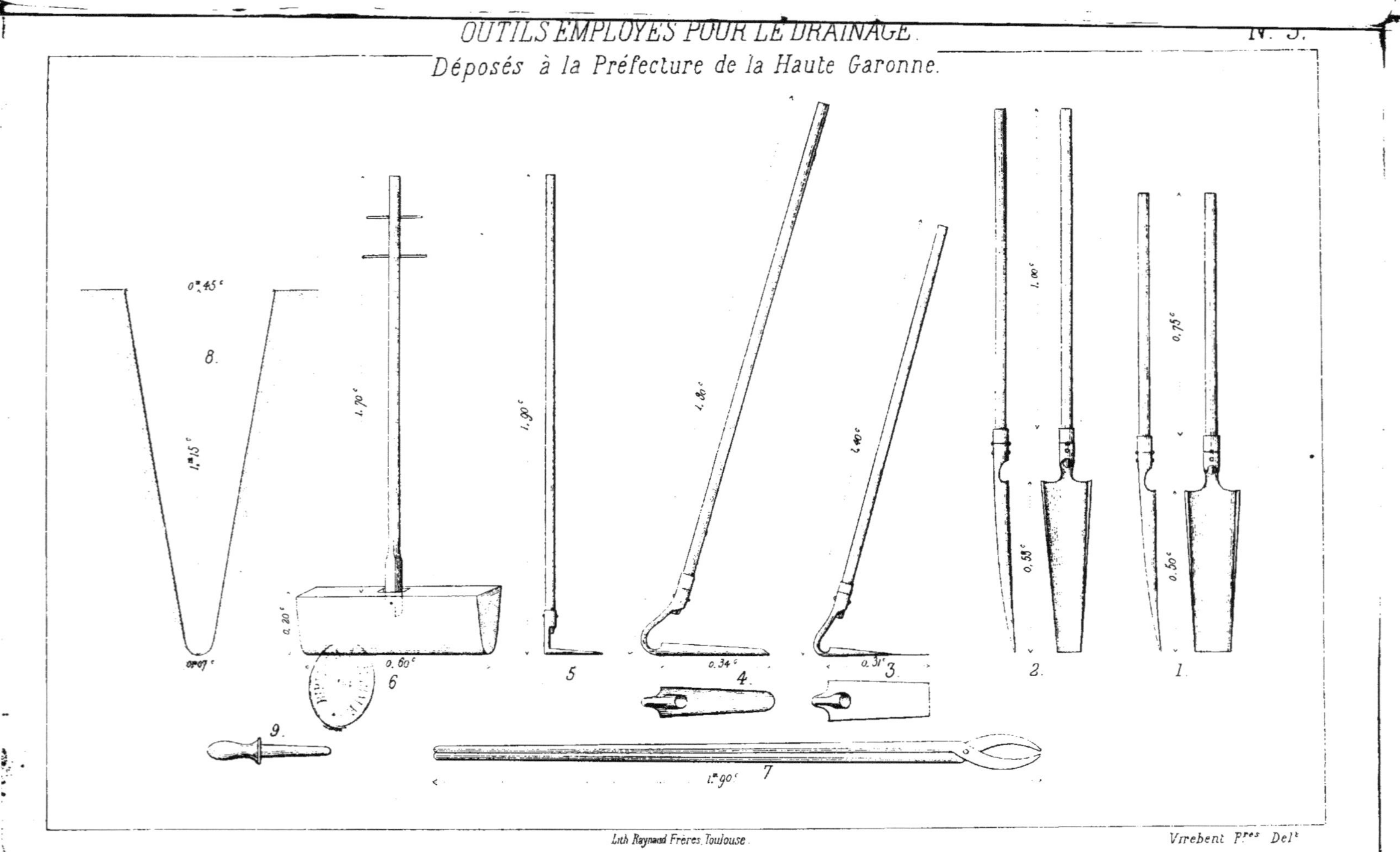